Jörg Hurlin

Inverkehrbringen und Vermarktung von Wildfleisch

GRIN Verlag

Bibliografische Information der Deutschen Nationalbibliothek:

Die Deutsche Bibliothek verzeichnet diese Publikation in der Deutschen National-
bibliografie; detaillierte bibliografische Daten sind im Internet über http://dnb.d-
nb.de/ abrufbar.

Impressum:

Copyright © 2006 GRIN Verlag GmbH
Druck und Bindung: Books on Demand GmbH, Norderstedt Germany
ISBN: 978-3-640-18248-0

Dieses Buch bei GRIN:

http://www.grin.com/de/e-book/115866/inverkehrbringen-und-vermarktung-von-
wildfleisch

Jörg Hurlin

Inverkehrbringen und Vermarktung von Wildfleisch

Unternehmens- und Wirtschaftsrecht im wissenschaftlichen
Studiengang Agrarwissenschaften
an der Georg-August-Universität Göttingen,
Fakultät für Agrarwissenschaften

Prüfungsfach: Blockseminar zum Wirtschaftsverwaltungsrecht
Studienrichtung: Agribusiness

Angefertigt im: Institut für Landwirtschaftsrecht

Abgabetermin: 10. März 2006

Inhaltsübersicht

Abbildungsverzeichnis

Tabellenverzeichnis

Abkürzungsverzeichnis

Abs.	Absatz
BGB	Bürgerliches Gesetzbuch
BJG	Bundesjagdgesetz
BRD	Bundesrepublik Deutschland
EDV	Elektronische Datenverarbeitung
FlHG	Fleischhygienegesetz
FlHV	Fleischhygieneverordnung
kg	Kilogramm
LEH	Lebensmitteleinzelhandel
LFGB	Lebensmittel- und Futtermittelgesetzbuch
Mio.	Millionen
ProdHaftG	Produzentenhaftungsgesetz
t	Tonne

A. Einleitung

Der Fleischbedarf der deutschen Bevölkerung wird heute fast ausschließlich durch Nutztiere gedeckt, weniger als ein Prozent entfallen dabei auf wildlebende Tiere. Wildfleisch stellt somit eine Besonderheit im Nahrungsspektrum des Fleisch essenden Verbrauchers dar. Mit diesem saisonalen Produkt sind besondere Chancen und Risiken beim Inverkehrbringen und Vermarkten verbunden. Erst im November 2005 erkrankten in Hessen sechs Personen an der Hasenpest (Tularämie).

Wo auch immer der Verbraucher sich seinen Reh-, Hirsch- oder Wildschweinbraten besorgt, erwartet er Wildfleisch von hoher Qualität. Wie kann diese gewährleistet werden? Und ist sie ausreichend gewährleistet? Eine Forderung, die sich über den Handel hinaus direkt an jeden Revierinhaber, aber auch an Betreiber von Wildgehegen, richtet.

Zum Schutz der Verbraucher nimmt der Gesetzgeber den Jäger stärker als früher in die Verantwortung. Dieser ist ab dem 1. Januar 2006 einem Lebensmittelunternehmer gleichgestellt und trägt damit beim Inverkehrbringen in den Handel einen Großteil der Verantwortung für die Produktsicherheit des Wildfleisches.

Diese Arbeit beleuchtet grundlegende rechtliche Aspekte zur Wildfleischvermarktung. Nach der Erläuterung von Begriffen des Wildhandels werden die Herkunft und die Vermarktungswege von Wildfleisch angesprochen. Es folgen gesetzliche Vorschriften sowie wichtige Regelungen zur Haftung. Die Aktualität und Wichtigkeit dieses Themas zeigt sich anhand des brisanten Wildskandals des Unternehmens „Berger Wild", der die Arbeit treffend abrundet.

Ziel ist es, neben einem groben Überblick über die rechtlichen Aspekte und Konsequenzen des Inverkehrbringens und Vermarktens von Wildfleisch die Chancen und insbesondere die Risiken, die mit diesem Thema in Zusammenhang stehen, aufzudecken.

B. Wildfleischvermarktung

I. Begriffe des Wildhandels

1. Definition von Wild und Wildfleisch

Unter Wildfleisch versteht man nach der RL 92/45/EWG „alle zum Verzehr geeigneten Teile von Wild"[1].

Als Wild werden die jagdbaren wildlebenden Tiere (aufgelistet im BJG § 2 Abs.1) bezeichnet. Grundsätzlich befindet sich Wild in natürlicher Freiheit und ist herrenlos, gehört also niemandem. Die Aneignung des Wildes ist ausschließlich dem Jagdausübungsberechtigten gestattet. In der jagdlichen Praxis und im Jagdrecht (BJG § 2 Abs.1) wird zwischen Haarwild und Federwild unterschieden (weitere Unterscheidungsmöglichkeiten: Schalenwild, Niederwild und Hochwild).

Unter Haarwild werden Säugetiere verstanden, die üblicherweise nicht als Haustiere gehalten werden und die nicht ständig im Wasser leben (FlHG §4 Abs.1 Nr.1). Zu den Haarwildarten zählen alle ein Fell tragenden Tiere, auch wenn sie nicht für den menschlichen Verzehr genutzt werden[2]. Die wichtigsten gehandelten Haarwildarten sind Reh-, Rot-, Dam-, Sika-, Muffel-, Gams- Elch- und Schwarzwild sowie Hasen und Kaninchen, ferner Antilopen und Gazellen.

Unter die Federwildarten fallen alle gefiederten jagdbaren Wildtiere. Zu den bekanntesten gehören Fasane, Rebhühner, Wachtel, Wildtauben, Wildenten, Wildgänse, ferner Strauß.

2. Inverkehrbringen von Wildfleisch

Unter Inverkehrbringen wird das „Bereithalten von Lebensmitteln oder Futtermitteln für Verkaufszwecke einschließlich des Anbietens zum Verkauf oder jeder anderen Form der Weitergabe, gleichgültig, ob unentgeltlich oder nicht, (…)" bezeichnet[3].

---

[1] RL 92/45/EWG des Rates vom 16. Juni 1992 Artikel 2 Absatz 1 d)

[2] AID-Heft „Wild einkaufen - zubereiten", S. 5

[3] Verordnung (EG) Nr. 178/2002 Kapitel 1, Artikel 3, 8)

3. Vermarkten von Wildfleisch

Nach der RL 92/42/EWG[4] wird die Vermarktung folgendermaßen
definiert: „Das Feilhalten von Wildfleisch, das Anbieten von
Wildfleisch zum Verkauf, das Verkaufen, das Liefern oder jede
andere Form des Inverkehrbringens von Wildfleisch für den Verzehr
in der Gemeinschaft (…)“.

II. Herkunft von Wildfleisch

Insgesamt werden jährlich etwa 31.500 t Wildfleisch in Deutschland
geliefert. Aus der landwirtschaftlichen Wildhaltung stammen dabei
1.500 t, während 30.000 t aus deutschen Jagdstrecken kommen[5].
Prozentual ausgedrückt stammt das in Deutschland angebotene Wildfleisch zu 3 % aus landwirtschaftlicher Produktion, zu etwa 62 % aus
heimischen Jagdstrecken, und zu 35 % aus dem Import. Wenn von
einem durchschnittlichen Pro-Kopf-Verbrauch von 600 Gramm
jährlich und 82,5 Millionen Bundesbürgern ausgegangen wird, liegt
der Selbstversorgungsgrad von Wild insgesamt etwa bei 60 %.

1. Jagdstrecken in Deutschland

Tabelle 1: Wildbretaufkommen im Jagdjahr 2004/2005 in der BRD

Wildart	Stück	Ø Gewicht kg/Stück	Gewicht kg/insgesamt
Rotwild	60.298	65	3.919.370
Damwild	48.367	35	1.692.845
Sika-, Gams-, Muffelwild	10.980	20	212.400
Schwarzwild	467.249	41	19.157.209
Rehwild	935.316	12,5	11.691.450
		Gesamt:	**36.673.274***
		Vorjahr:	35.660.100
Jagdjahr: Dauer vom 1. April bis 31. März des folgenden Jahres			
*** Reinaufkommen ohne Decke, Läufe und Knochen: ca. 30.000 t**			

---

[4] RL 92/45/EWG des Rates vom 16. Juni 1992 Artikel 2 Absatz 1 g)

[5] Golze, M.: „Landwirtschaftliche Wildhaltung“

Quelle: Eigene Darstellung, in Anlehnung an DJV Daten

Die Aufteilung nach Wildarten ergibt sich aus folgender Abbildung:

Abbildung 1: Wildbretaufkommen nach Wildart DJV Daten

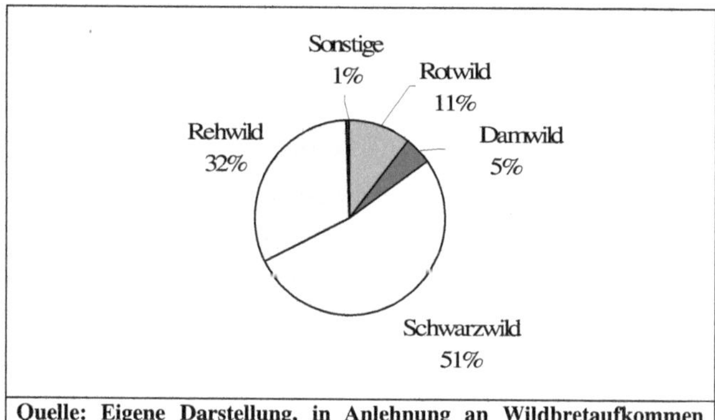

Quelle: Eigene Darstellung, in Anlehnung an Wildbretaufkommen nach Wildart DJV Daten

2. Landwirtschaftliche Wildhaltung

Aus einem kleinen Nischenbereich heraus hat sich die nutztierartige Haltung von Dam- und Rotwild in den letzten drei Jahrzehnten zu einem beachtlichen Betriebszweig entwickelt und agrarpolitische Bedeutung erlangt. Besonders für Zu- und Nebenerwerbslandwirte bietet sie sich zur Nutzung von Restgrünlandflächen an.

Nach Neuseeland (ca. 1 Mio. Zuchttiere) ist Deutschland der bedeutendste Gehegewildhalter. Die ersten Wildgehege entstanden in den 70er Jahren in Bayern. Aufgrund des ständigen Strukturwandels in der Landwirtschaft ist die Anzahl der genehmigten Wildgatter auf 5.955 bundesweit mit 112.000 Muttertieren und 15.000 ha Gatterfläche angestiegen (Stand 2000). Die Gehegezunahme erfolgt zwar nicht mehr so schnell wie in den früheren Jahren, trotzdem ist mit einer jährlichen Zuwachsrate von ca. zwei Prozent zu rechnen. Bayern ist Spitzenreiter mit einem Anteil von 40 % des Gehegewildes[6].

---

[6] Naderer, J./Huber, A.: Bayerische Landesanstalt für Landwirtschaft

Die in Deutschland am häufigsten gehaltene Wildart ist das Damwild mit 90 % des Gesamtbestandes; gefolgt von Rotwild mit 4 – 6 %[7]. Gehegewild ist den Haustieren gleichgestellt und somit nicht herrenlos.

3. Import von Wildfleisch

Die jährlichen Wildfleischimporte betragen 15.000 bis 20.000 t, wodurch gut 40 % des Bedarfs gedeckt werden. Es gelangt nur ein sehr geringer Anteil aus EU-Ländern in die BRD. Haupteinfuhrländer sind: Neuseeland (10.300 t gefarmtes Rotwild), Australien (1.100 t Wildschweinfleisch), Argentinien (1.200 t Hasenfleisch), Südafrika (1.300 t Antilopen- und Gazellenfleisch), Polen und Ungarn[8].

Das Angebot des Wildbret importierenden und exportierenden Handels reicht von Elch über Weißwedelhirsch und Bison bis zu Känguru, Robben, Blauschaf und Krokodil. Beim Federwild sind es Fasane, Wachtel, Rebhühner und Wildenten, vor allem aber Strauß.

III. Positive Aspekte und Vermarktungswege von Wild

Die Chancen von Wildfleisch liegen vor allem in folgenden Punkten:

Abbildung 2: Positive Eigenschaften von Wildfleisch

➢ naturlebende Tiere	➢ kernige Muskelstruktur
➢ keine Massentierhaltung	➢ überwiegend fettarm
➢ naturgemäße Ernährung	➢ viele Mineralstoffe und Vitamine
➢ kein Einsatz von Hormonen, etc.	➢ feinaromatischer Geschmack
➢ stressfreies Leben	➢ Abwechslung im Speiseplan

Quelle: Wild und Hund Exklusiv „Aus dem Revier in die Küche (3)

Die Bundesbürger verzehren jährlich pro Kopf ungefähr 600 – 800 g Wildfleisch. Dieses macht weniger als 1 Prozent des gesamten Fleischkonsums aus[9], wobei der Wildfleischverzehr in den letzten Jahren leicht gestiegen ist. Bei Befragungen in der Vorweihnachtszeit 2004 wurde in der Festtagsversorgung in den Neuen Bundesländern Wildfleisch nach Gans und Ente erstmalig an dritter Stelle genannt.

---

[7] Golze, M.: Landwirtschaftliche Wildhaltung
[8] AID-Heft „Wild und Wilderzeugnisse"
[9] Golze, M.: Landwirtschaftliche Wildhaltung

Grundsätzlich unterscheidet das Fleischhygienegesetz (FlHG) drei Hauptwege, wie Wildfleisch zum Verbraucher gelangt.

Abbildung 3: Vermarktungswege von Wildfleisch

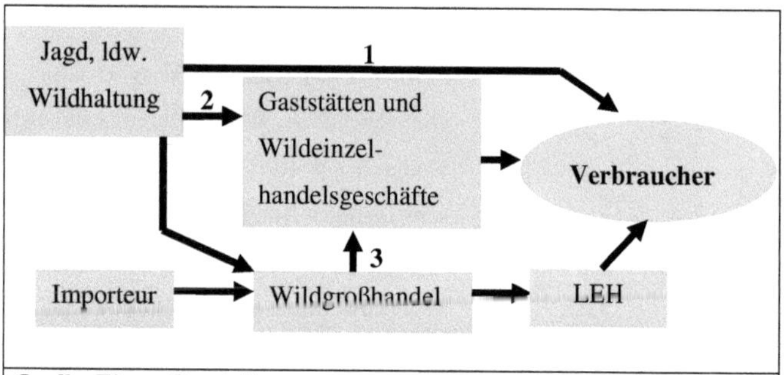

Quelle: Eigene Darstellung

Unter dem privaten Bereich versteht man, dass Fleisch zum eigenen Verbrauch verwendet wird oder unmittelbar an einzelne natürliche Personen, wie Jagdgäste, Verwandte oder Privatkunden, zu deren eigenem Verbrauch abgegeben wird (FlHG §1 Abs.1 Satz 3 Nr. 1). Dies stellte sich in vielen Jagdrevieren zum Hauptabsatzweg heraus, wobei die Revierstruktur und die anfallende Wildzahl entscheidend sind. Als zweiter Absatzweg dienen Gaststätten oder Wildeinzelhandelsgeschäfte, die unter den gewerblichen Bereich mit Direktabgabe an den Endverbraucher fallen. Davon hebt sich der Wildgroßhandel als dritter Weg ab, der nicht unmittelbar an den Endverbraucher verkauft (gewerblicher Bereich ohne Direktabgabe an den Endverbraucher).

Zusätzlich wird in den letzten Jahren durch Forstministerien und Landesjagdverbände verstärkt versucht, durch Wildbretinitiativen wie Regionalmodelle und Qualitätssicherungssysteme mit Qualitätszeichen Wildbret besser zu vermarkten. Als Beispiele sind zu nennen „Wild aus der Region" in Rheinland – Pfalz sowie „Geprüfte Qualität – Hessen".

Die verschiedenen Vermarktungswege haben unterschiedliche gesetzliche Vorschriften zur Folge.

IV. Gesetzliche Vorschriften

Die Produktion von Wildfleisch und dessen Handel unterliegen in Deutschland dem Lebensmittelrecht. Dieses regelt die Herstellung und Verarbeitung von Lebensmitteln sowie den Verkehr mit ihnen.

Als Rechtsgrundlage dient das Gesetz zur Neuordnung des Lebensmittel- und des Futtermittelrechts vom 1. September 2005. Im neuen Lebensmittel- und Futtermittelgesetzbuch, das das Lebensmittel- und Bedarfsgegenständegesetz vom 9. September 1997 ablöst, wird die Strategie der EU zur Lebensmittelsicherheit entlang der Lebensmittelkette in deutsches Recht umgesetzt. Mit dem Gesetz werden 11 Gesetze in einem neuen Gesetzbuch zusammengefasst. Das Gesetzeswerk ergänzt die EU-Basis-Verordnung 178/2002. Zusammen bilden sie nun den gemeinsamen Rechtsrahmen für Lebensmittel und Futtermittel.

Nach dem Gesetz zählen zu den Lebensmitteln alle Stoffe, die dazu bestimmt sind, in unverändertem, zubereitetem oder verarbeitetem Zustand vom Menschen verzehrt zu werden. Es ist verboten, Lebensmittel derart herzustellen oder zu behandeln, dass ihr Verzehr die Gesundheit schädigt, und Stoffe, deren Verzehr geeignet ist, die Gesundheit zu schädigen, als Lebensmittel in den Verkehr zu bringen. Auch das Inverkehrbringen von zum Verzehr ungeeigneten Lebensmitteln, die in ihrer Beschaffenheit von der Verkehrsauffassung abweichen, d. h. im Wert erheblich gemindert sind, ist untersagt.

Mit dem Lebensmittelrecht werden verschiedene Ziele verfolgt, zum einen soll der Verbraucher vor Täuschungen über Qualität, Bezeichnung, Aufmachung und Beschaffenheit von Lebensmitteln geschützt werden, wodurch die Bewahrung der Gesundheit des Verbrauchers einhergeht. Zum anderen erlangt verstärkt die Verbraucherinformation über bestimmte Lebensmitteleigenschaften eine eigenständige Bedeutung.

Das Lebensmittelrecht beinhaltet zwei Regelungsprinzipien: das Verbotsprinzip, welches technologische Verfahren und jeden Zusatzstoff verbietet, der nicht zugelassen wurde sowie das Missbrauchsprinzip, welches den Einsatz von Stoffen und technologischen Behandlungen erlaubt, wenn sie nicht ausdrücklich verboten sind.

Zur Umsetzung existieren die Instrumentarien des Lebensmittelmonitoring und der Lebensmittelüberwachung.

Wildbret, das für den menschlichen Verzehr bestimmt ist, unterliegt den Bestimmungen des Lebensmittelgesetzes sowie des Fleischhygienegesetzes und der hierzu erlassenen Fleischhygieneverordnung (tierisches Erzeugnis auf der Stufe der Primärproduktion)[10].

1. Verantwortung des Lieferanten

Die Forderung des Verbrauchers nach einem hochwertigen, voll genussfähigen und lebensmittelhygienisch einwandfrei gewonnenen Stück Wildfleisches betrifft in erster Linie direkt den Jagdausübungsberechtigten und den Besitzer von Wildgehegen. Dies hat auch der Gesetzgeber erkannt und erhob erstmals 1976 im Bundesjagdgesetz die Forderung, dass in der Jägerprüfung „ausreichende Kenntnisse in der Behandlung des erlegten Wildes unter besonderer Berücksichtigung der hygienisch erforderlichen Maßnahmen und in der Beurteilung der gesundheitlichen Beschaffenheit des Wildbrets, insbesondere auch hinsichtlich seiner Verwendung als Lebensmittel nachzuweisen sind" (BJG § 15, Absatz 5).

In der Praxis wurde sehr schnell erkannt, dass die Umsetzung der in § 15 BJG festgeschriebenen Forderungen zu einer auf Dauer nicht akzeptablen Minimallösung führte. Es folgte eine Erweiterung der gesetzlichen Vorschriften. Diesmal durch die Aufnahme von Haarwild in das 1980 überarbeitete Fleischbeschaugesetz, ab 1987 Fleischhygienegesetz, und in die 1984 erarbeitet und 1986 in Kraft gesetzte Fleischhygieneverordnung[11].

---

[10] Verordnung (EG) Nr. 178/2002, Kapitel I, Artikel 3, 17.

[11] Wild und Hund Exklusiv „Aus dem Revier in die Küche (3)"

Durch das Zusammenwachsen der Europäischen Wirtschaftsgemeinschaft (EWG) und der damit verbundenen Ausweitung des Innereuropäischen Handels folgten auch bei Wild europäische Regelungen wie die Richtlinie 92/45/EWG.

Neben der Selbstverständlichkeit des Jägers zur Hege und Pflege kam seine gesetzlich festgeschriebene Verantwortung als Lebensmittelproduzent im Bereich Wildbret. Dem Jäger kommt somit eine eminent hohe Verantwortung zu, denn jedes Stück Haarwild, welches der Jäger als unbedenklich für den menschlichen Verzehr beurteilt und an den Einzelhandel liefert – zu diesem zählt seit dem 21. Februar 2002 nach der EG – Verordnung Nr. 178/2002 auch jede Gaststätte – kann von dem Käufer ohne weitere amtliche Fleischuntersuchung (ausgenommen Trichinen) vermarktet werden.

Auch bei der direkten Abgabe des Wildbrets an den Endverbraucher ist kein Tierarzt oder Fleischkontrolleur zur Fleischuntersuchung anwesend, wie es bei Hausschlachtungen üblich ist. Der Jäger ist faktisch bei Haar- und Federwild den amtlichen Fleischkontrolleuren gleichgestellt. Diese Verantwortung wird dem Jäger durch das am 1. Januar 2006 in Kraft getretene „Lebensmittelhygienepaket" übertragen, womit dieser rechtlich einem Lebensmittelunternehmer gleichgestellt ist. Zusätzlich greift die Basisverordnung Nr. 178/2002 beim Inverkehrbringen von Wildfleisch in den Großhandel oder an Wildverarbeitungsbetriebe. Diese beinhaltet besondere Bestimmungen der Rückverfolgbarkeit („Einen Schritt nach vorn und einen Schritt zurück", Artikel 18) und Anforderungen an die Lebensmittelsicherheit in Artikel 14[12]. Der Wildhändler muss beispielsweise belegen können, von welchem Jäger und aus welcher Gegend er Wild bezogen und an wen er was geliefert hat.

Neben dem EU-Recht finden sich auch im bisher gültigen Fleischhygienerecht spezielle Wildbrethygienevorschriften, die im EU-Recht in dieser Form nicht geregelt sind.

---

[12] BfR: „Tipps für Jäger zum Umgang mit Wildfleisch"

2. Wildbrethygiene

Wildbrethygiene befasst sich als Teil der Fleischhygiene mit der Gewinnung von Wildbret im Rahmen der Jagd. Die äußeren Umstände beim Erlegen (Töten), Ausweiden (Entfernen der inneren Organe) und bei der weiteren Behandlung des Wildbrets unterscheiden sich in hygienischer Hinsicht grundlegend vom Schlachten und Zerlegen von Schlachttieren[13].

Besonders folgende Bereiche der Wildfleischgewinnung bergen Hygienerisiken:

a) Ansprechen

Wildbrethygiene beginnt mit dem Ansprechen des Wildes und dem Verhalten beim Austreten aus dem Einstand, beim Äsen oder sonstigem Anblick. Abnorme Verhaltensweisen bedingen als „bedenkliche Merkmale" stets die amtliche Fleischuntersuchung (FlHV Anlage 2 Kap. VI Nr. 1.3.1).

b) „Erlegen"

Zunächst wird der Begriff „Erlegen" in seiner ursprünglichen Bedeutung bestimmt (FlHG §4 Abs. 1 Nr.2). Als Erlegen ist das Töten von Haarwild durch Abschuss nach jagdrechtlichen Vorschriften anzusehen. Dem gestreckten Haarwild wird durch andere äußere gewaltsame Einwirkungen getötetes Wild gleichgestellt (verunfalltes Wild). Die Schussabgabe hat unter den Gesichtspunkten der Waidgerechtigkeit (Tierschutz) und der Wildbrethygiene (Schusshygiene) zu erfolgen.

c) Aufbrechen und Versorgen

Erlegtes Haarwild ist unverzüglich aufzubrechen und auszuweiden (FlHV Anlage 2 Kap. VI Nr.1.1). Beim Versorgen des Wildes ist ein vom Gesetzgeber eindeutig beschriebener Katalog von Merkmalen (FlHV Anlage 2 Kapitel VI) zu beachten, die darüber entscheiden, ob das Fleisch des erlegten Stückes ohne Bedenken gegessen werden

---

[13] Deutz, A.: „Hygienerisiken"

kann oder ob es einer amtlichen Fleischuntersuchung unterzogen
werden muss.

d) Bergen und Abtransport
Der Transport entweder in der Decke, Schwarte (Schwarzwild),
unverpackt oder enthäutet hat wesentlichen Einfluss auf die
hygienischen Beschaffenheiten des Fleisches (genaue Regelung in
FlHV Anlage 2, Kapitel IX).

e) Aufbewahren und Kühlen
„Erlegtes Haarwild ist unmittelbar nach dem Aufbrechen und Aus-
weiden so aufzubewahren, dass es gründlich auskühlen und in den
Körperhöhlen abtrocknen kann." Haarwild muss alsbald auf eine
Innentemperatur von +7 °C, Hasen und Kaninchen auf +4 °C ab-
gekühlt sein (FlHV Anlage 2 Kap. VI Nr.1.2). Auch das Fleisch von
Federwild muss selbstverständlich lebensmittelhygienisch einwandfrei
gewonnen werden.

3. Amtliche Fleischuntersuchung
Zur Anmeldung verpflichtet ist derjenige, der das Wild in Eigenbesitz
nimmt. Dies ist grundsätzlich der Aneignungsberechtigte im Sinne des
Jagdrechtes.

a) Untersuchungspflicht
Der amtlichen Untersuchung auf Trichinen unterliegen insbesondere
Wildschweine. Wenn das Fleisch zum Genuss für Menschen verwendet werden soll, muss immer eine amtliche Fleisch- (Trichinen)
Untersuchung durchgeführt werden, auch ohne dass gesundheitlich
bedenkliche Merkmale vorliegen. Wer trichinenschaupflichtiges Wild
nicht zur Untersuchung anmeldet, macht sich strafbar, auch wenn er
das Wildbret selbst verbrauchen will (FlHG §28 Abs.1 Nr.2). Wie
wichtig konsequente lebensmittelhygienische Maßnahmen sind, lässt
sich am Beispiel Trichinen belegen: nur 167 von rund 3,7 Millionen
Wildschweinen, die zwischen 1991 und 2004 untersucht wurden,
waren von Trichinen befallen. Eine so niedrige Befallsrate wird nur

bei lückenloser Kontrolle erkannt, so dass der Verbraucher vor infiziertem Fleisch geschützt wird[14].

b) Fleischuntersuchung

Die Vorschriften des FlHG § 1 Abs. 1 besagen, dass erlegtes Haarwild grundsätzlich der Fleischuntersuchung unterliegt, wenn sein Fleisch zum Genuss für Menschen bestimmt ist. Eine Ausnahme ist, wenn beim erlegten Haarwild vor und nach dem Erlegen keine Merkmale festgestellt werden, die das Fleisch als bedenklich zum Genuss für Menschen erscheinen lassen. Jedoch darf dann das Fleisch nur zum eigenen Verbrauch verwendet werden (privater Bereich) oder unmittelbar an einzelne natürliche Personen (Nachbarn, Bekannte) zu deren eigenem Verbrauch abgegeben werden (FlHG §1 Abs.3 Satz 3 Nr. 1).

Weiterhin erlaubt der Gesetzgeber, dass erlegtes Haarwild *unmittelbar* nach dem Erlegen in *geringen Mengen* an *nahe gelegene* be- oder verarbeitende Betriebe zur Abgabe an den Verbraucher zum Verzehr vor Ort geliefert werden darf (Gaststätten oder Wildeinzelhandelsgeschäfte) (FlHG § 1 Abs. 1 Satz 3 Nr.2). Erlegtes Haarwild, das der Untersuchungspflicht unterliegt, muss bei der zuständigen Behörde (amtl. Tierarzt, Veterinäramt) angemeldet werden (FlHV § 4 Abs. 2). Der Anmeldepflicht unterliegen zwei Gruppen: Zum einen Haarwild, welches gesundheitlich bedenkliche Merkmale aufweist, zum anderen das gesamte erlegte Haarwild, das im gewerblichen Bereich ohne Direktabgabe an den Endverbraucher landet, also beim Wildgroßhandel (FlHG § 1 Abs.1)[15].

Ferner ist Gehegewild den Haustieren gleichgestellt und unterliegt vor und nach der Schlachtung der amtlichen Schlachttier- und Fleischuntersuchung[16].

---

[14] BfR: „Tipps für Jäger im Umgang mit Wildfleisch"

[15] Bert, F.: „Wildbretgewinnung und –hygiene"

[16] „Was wir Essen."

4. Das EU Lebensmittelhygienepaket vom 1. Januar 2006

Bei dem „Lebensmittelhygienepaket" handelt es sich um ein EU –
einheitliches Hygieneregelwerk, das die europäische Verordnung
Nr. 852/2004 und 853/2004 umfasst und für die Erzeugung und Vermarktung aller Lebensmittel einschließlich Wildfleisch gilt. Es über-
trägt die Verantwortung für die Sicherheit der hergestellten Futter-
und Lebensmittel auf allen Stufen der Produktion auf den „Lebensmittelunternehmer" und damit für Wildfleisch auch auf den Jäger und
Wildgatterbesitzer[17].

Jäger sind hiervon nur betroffen, wenn sie das Wild an den Großhandel oder an Wildverarbeitungsbetriebe abgeben. Für die Abgabe
kleiner Mengen Wildes oder Wildbrets (Strecke eines Jagdtages) an
den Endverbraucher, Metzger oder Gastronomen enthalten die EU-
Verordnungen keine Auflagen. Hierfür gilt im Einzelnen Folgendes:
Jäger müssen auf dem Gebiet der Wildpathologie, der Produktion und
Behandlung von Wildbret ausreichend geschult sein, um das Wild vor
Ort einer ersten Untersuchung unterziehen zu können. Mindestens
eine Person einer Jagdgesellschaft muss über die entsprechenden
Kenntnisse verfügen (so genannte „kundige Person")[18]. Diese soll,
wenn bei der Untersuchung keine auffälligen Merkmale festgestellt
wurden, den Wildkörper mit einer Nummer und einer Bescheinigung
versehen (weiterhin Datum, Zeitpunkt und Ort des Erlegens).

Für die Abgabe an Wildverarbeitungsbetriebe fehlen aber immer noch
Bestimmungen. Nach wie vor ist beispielsweise nicht bekannt, welche
Voraussetzungen die „kundige Person" haben muss. Nach Auffassung
des DJV sind Jagdscheininhaber kundige Personen. Die Bundes-
regierung hat angekündigt, das derzeit geltende innerstaatliche Recht
zu ändern[19].

---

[17] BfR: „Genuss ohne Reue: Tipps für den Umgang mit Wildfleisch"

[18] Jagdnetz.de

[19] Wild und Hund, H. 1/2006

C. Haftung

Grundsätzlich unterscheidet das deutsche Recht zwei Haftungstypen. Die Verschuldenshaftung nach § 823 Abs.1 BGB, die Ansprüche aus unerlaubten Handlungen klärt, und die Gefährdungshaftung. Letztere ist dadurch gekennzeichnet, dass sie den Verursacher eines Schadens zum Ersatz verpflichtet, ohne dass der Geschädigte ihm ein Verschulden an der Entstehung des Schadens nachweisen muss[20].

I. Produzentenhaftung

Die Produzentenhaftung ist die zivilrechtliche Verantwortung des Herstellers für Schaden verursachende Gegenstände, insbesondere für Waren[21]. Die Produzentenhaftung ist ein spezieller Fall der Haftung für die Verletzung von Verkehrssicherungspflichten und knüpft somit an das Inverkehrbringen von Produkten an. Der Hersteller haftet für Konstruktions-, Fabrikations- und Instruktionsfehler. Zusätzlich hat der Produzent eine Produktbeobachtungspflicht, die in bestimmten Fällen bei fehlerhaften Produkten eine Warn- und Rückrufpflicht auslösen kann. Wenn der Geschädigte das fehlerhafte Produkt von dem Hersteller selbst gekauft hat, kann ihm Schadensersatz nach § 463 BGB zustehen[22].

II. Produkthaftungsgesetz

Die gesetzliche Produkthaftung ist eine Gefährdungshaftung, es kommt daher nicht auf das Verschulden des Herstellers an, der ein gefährliches Produkt in Verkehr bringt. Die gefährliche Handlung, die den Anknüpfungspunkt für die Haftung des Herstellers gibt, ist das Inverkehrbringen des Produkts, das eine Gefahr begründet. Es handelt sich um eine Verkehrssicherungspflichtverletzung[23].

---

[20] Umwelt Lexikon

[21] Versicherungslexikon

[22] Versicherungslexikon

[23] Moritz, K.: „Zivilrecht"

Es wird eine vom Verschulden unabhängige Gefährdungshaftung begründet, wenn durch den Fehler eines Produktes jemand getötet, sein Körper, seine Gesundheit verletzt oder eine andere Sache beschädigt werden (ProdHaftG § 1 Abs.1). Die Verletzung muss von einem Produkt ausgehen. Das ProdHaftG versteht nach § 2 unter einem Produkt jede bewegliche Sache, auch wenn sie einen Teil einer anderen beweglichen Sache oder einer unbeweglichen Sache bildet.

Ursprünglich unterlagen Erzeugnisse der landwirtschaftlichen Urproduktion und der Jagd nicht der Produkthaftung, sofern sie keiner ersten Verarbeitung unterzogen worden waren. Mit dem Ziel der Harmonisierung der EU-Rechtsvorschriften erweiterte die EU mit der Richtlinie 1999/34/EG die Produkthaftung auch auf die landwirtschaftliche Urproduktion. Das bedeutet, dass mit der Umsetzung in deutsches Recht seit dem 01.12.2000 auch für unverarbeitete Wildprodukte der Grundsatz der verschuldensunabhängigen Haftung gilt (z. B. parasitenbefallenes Fleisch)[24].

Jäger unterliegen somit dem Produkthaftungsgesetz. Demnach ist der Einzelne für Schäden verantwortlich, die durch den Verzehr seines Produktes Wildfleisch entstehen[25].

---

[24] Linker, S.: „Qualitätsmanagement"
[25] Rheinisch Westfälischer Jäger, H. 12/05

D. Fallbeispiel: Wild Skandal Berger

Auf die besten Sendeplätze des Fernsehens gelangte Ende Januar 2006 der Schriftzug „Des Waidmanns edle Ernte" unter dem Firmenemblem des niederbayerischen Wildgroßhändlers Berger. Als Fleisch-Skandal deklariert und mit den Worten „ekelerregend" und „Gammelfleisch" untermalt, begann eine europaweite Rückrufaktion von Wildfleisch, die bis zur Insolvenz des größten europäischen Wildhändlers führte.

I. Das Unternehmen Berger Wild

Die Anfänge der Unternehmensgruppe (drei miteinander verbundene Unternehmen in der BRD) reichen bis in das Jahr 1950 zurück. Im Zeitraum von 1975 bis zum Januar 2006 wuchs das Familienunternehmen stürmisch an (Umsatzzahlen: 1975: 0,3 Mio. €, 1987: 4,0 Mio. €, 1990: 10 Mio. €,1993: 20 Mio. € ,1998: 30 Mio. €, 2005: 40 Mio. €)[26]. In Deutschland verfügte die Firma über etwa 80 Mitarbeiter (etwa 500 im Ausland). Das Unternehmen kennzeichnete sich durch eine Inhaberzentrierte Führungsstruktur aus, so dass Karl Berger jun. „alle Fäden in der Hand" hielt.

Die Unternehmensgruppe war stark international ausgerichtet. Nur ein Viertel des Wildes kam aus Deutschland. Zur Unternehmensgruppe gehörte die Firma „Hunter" in Polen mit über 238 Wildsammelstellen (30% der polnischen Jagdstrecke wurde aufgenommen) und die österreichische Firma „Hochländer" mit 70 Wildsammelstellen. Die Tätigkeit des Unternehmens war auf der Einkaufsseite von den Schonzeiten des Wildes und zeitlichen Jagdgewohnheiten abhängig und auch auf der Vertriebsseite (Schwerpunkt vor Weihnachten) starken saisonalen Schwankungen unterworfen, wodurch es zumindest seit 2003 zu bestimmten Zeiten zu Überforderungen der Organisationsstrukturen kam[27].

---

[26] „Blattschuss": „50 wilde Jahre", S. 1-3

[27] Wild und Hund : „Der Wildbret-Gigant", H. 22/2005, S. 14-19

Durch das Ausscheiden mehrerer Betriebs- und Schichtleiter, die durch osteuropäische Mitarbeiter ersetzt wurden, die Einführung eines Leistungsprämiensystems, orientiert an Zerlegezahlen, der Nachtschicht und durch die überdurchschnittliche Expansion zunehmend personell und organisatorisch überfordert, wurde in der Verarbeitungssaison 2005/06 ein unhaltbarer hygienischer Zustand erreicht, der zur Schließung der Verarbeitungsstätten führte.

II. Chronologie des Falls

Bereits im April 2004 wurde im Rahmen eines sehr großen bundesweiten Wirtschaftsstrafverfahrens wegen Einschleusung von Ausländern ein Großteil der Datensicherung von Berger Wild beschlagnahmt. Es ergaben sich bereits Verdachtsmomente für Verstöße gegen lebensmittelrechtliche Bestimmungen (Umetikettierung, Verlängerung des Mindesthaltbarkeitsdatums). Die Auswertung der beschlagnahmten betriebsinternen E-Mails zog sich bis Dezember 2005 hin. Die bei Routinekontrollen festgestellten hygienischen Mängel wurden zeitnah beseitigt. Nach Kontakt mit dem ehemaligen Betriebsleiter von Berger Wild und Auswertung der E-Mails durch das Veterinäramt wurden am 16.1. und 18.1.06 Vor-Ort-Kontrollen durch das Landesamt Passau und die Regierung durchgeführt, bei denen „gravierende hygienische Mängel" festgestellt wurden (von 9 Proben waren 6 zu beanstanden). Danach folgte eine landesweite Untersuchung von Berger Wild Waren (20.01.), Verkehrsverbote (22.01.), Einrichtung der Sonderkommission „Wild" (23.01.), Information der Öffentlichkeit (24.01.), EU-Schnellwarnsystem bzw. Rückruf der betroffenen Produkte (25.01.) und Widerruf aller erteilten Zulassungen (27.01.). Am 31.01.2006 meldete die Firma Berger Insolvenz an[28].

In der EU bezogen rund 40 Firmen in Österreich, Italien und Frankreich Fleisch von Berger. Bis zum 20.02. wurden von insgesamt 293 Proben 80 Proben als „für den Verzehr durch den Menschen

---

[28] Bayerisches Staatsministerium für Umwelt, Gesundheit und Verbraucherschutz, Bericht der „Sonderkommission Wild"

ungeeignet" beurteilt. Als „gesundheitsschädlich" wurde bisher keine Probe deklariert. Die Staatsanwaltschaft ermittelt gegen die Firma wegen Verstoßes gegen lebensmittelrechtliche Vorschriften, illegale Beschäftigung ausländischer Mitarbeiter und gewerbsmäßigen Betruges[29].

Zur Einhaltung des Fleischhygienerechts werden vom Landkreis zur Kontrolle fleischverarbeitender Betriebe amtliche Tierärzte eingesetzt, die zur amtlichen Fleischuntersuchung hinzugezogen werden müssen. Die „Sonderkommission Wild" hat den amtlichen Tierärzten klare Versäumnisse vorgeworfen und dem Landkreis Passau nahe gelegt, das Vertragsverhältnis zu beenden. Jedoch gibt es Hinweise, dass die Tierärzte bewusst umgangen wurden (Verarbeitung in der Nacht und am Wochenende).

III. Reaktionen

Am 18.02.2006 erfolgte eine Gemeinsame Bekanntmachung mehrerer bayerischer Staatsministerien, die auch als Vorlage für noch zu treffende bundesweite Regelungen gilt. Wichtige Kernpunkte sind[30]:

1. Spezialeinheit Lebensmittelüberwachung

Eine bessere Verknüpfung der Lebensmittelüberwachung mit Kontrollen nach dem Fleischhygienerecht soll angeregt werden. Ein breiter interdisziplinärer Ansatz mit Tierärzten, Chemikern, Juristen, Technologen und EDV-Spezialisten soll zusammen mit der zuständigen Behörde Vor-Ort-Kontrollen in risikoträchtigen Betrieben durchführen.

2. Verbesserte Dokumentation und Kommunikation

Dokumentations- und Berichtpflichten sollen im Rahmen des Qualitätsmanagements für die Lebensmittelüberwachung standardisiert werden.

3. Rotation der amtlichen Tierärzte

Ziel sollte es sein, dass die amtlichen Tierärzte der Landkreise nicht mehr dauerhaft ein bestimmtes Unternehmen überwachen.

---

[29] Bayerisches Staatsministerium: „Chronologie zu den Vorgängen der Firma Berger Wild GmbH in Passau"
[30] Schnappauf, W.: Regierungserklärung

E. Fazit

Diese Arbeit befasst sich mit den rechtlichen Ansprüchen und Konsequenzen des Inverkehrbringens und Vermarktens von Wildfleisch. Durch die Darstellung grundlegender Aspekte zum Wildfleisch, zum Wildhandel und zu gesetzlichen Forderungen wird die Komplexität dieser Thematik bewusst. Es lassen sich vielfältige Chancen, aber auch Risiken erkennen.

Eine Chance für die Wildfleischvermarktung lässt sich in dem relativ hohen Selbstversorgungsgrad von 60 % sehen, der im Prinzip günstige Absatzverhältnisse für Wildfleisch bietet. Dennoch gehört es bisher zu den Nischenprodukten der Fleischerzeugung. Darüber hinaus lassen sich die positiven Produkteigenschaften von Wildfleisch besonders hervorheben. Es ist relativ fettarm, diätetisch vorteilhaft, schmackhaft und hat Spezialitätencharakter, so dass es sich für die Vermarktung im hochwertigen Segment und über die Gastronomie besonders eignet.

Im Zeitalter der gestiegenen Ansprüche von Konsumenten, der schärferen gesetzlichen Bestimmungen und nicht zuletzt aufgrund fleischhygienischer Kenntnisse haben sich die Anforderungen, die an die Behandlung von Wild gestellt werden, verschärft. Dies betrifft den Jäger, den Besitzer von Wildgehegen sowie den Handel, der sich ausreichende Kenntnisse aneignen muss, um das Lebensmittel Wildfleisch hinsichtlich seiner Qualität und Verzehrsfähigkeit korrekt zu beurteilen. Die Inhomogenität der Herkunft von Wild zeigt, dass es sich um einen besonders riskanten Bereich der Lebensmittelproduktion handelt. Probleme der Rückverfolgbarkeit und der Hygiene erfordern besonders umfangreiche gesetzliche Regelungen. Die Notwendigkeit gut ausgebildeter und fachgerecht arbeitender Jäger ist für die Sicherheit des Lebensmittels Wildfleisch essentiell.

Die Lehren, die man aus dem Wildskandal zieht, zeigen, dass auch ein noch so gründliches Gesetz stets verbesserungsfähig ist. Eine missbräuchliche Umgehung von gesetzlichen Bestimmungen lässt sich jedoch nicht verhindern.

Literaturverzeichnis

AID INFODIENST: „Wild einkaufen – zubereiten" 11. Auflage, Bonn, 1998, H. 1341, S. 5

AID INFODIENST: Verbraucherschutz, Ernährung, Landwirtschaft e. V. „Wild und Wilderzeugnisse" 12. Auflage, Bonn, 2005, Heft 1341

BAYERISCHES STAATSMINISTERIUM: „Abschlussbericht der Sonderkommission Wild" URL: http://www.stmugv.bayern.de/de/lebensmittel/wildfleisch/doc/sonderkommission.pdf, München, Abrufdatum: 24.02.2006

BAYERISCHES STAATSMINISTERIUM: „Chronologie zu den Vorgängen der Firma Berger Wild GmbH in Passau" URL: http://www.stmugv.bayern.de/de/lebensmittel/wildfleisch/doc/chronologie.pdf, München, Abrufdatum: 24.02.2006

BERT, F.: Erlegtes Haar- und Federwild: „Wildbretgewinnung und – hygiene unter dem Fleischhygiene- und Geflügelfleischhygiene-recht". Dt. Jagdschutz-Verband, 7. Auflage, Bonn, 1999, S. 6-10, zit. Bert, F.: „Wildbretgewinnung und –hygiene"

BLATTSCHUSS: Firmenzeitschrift Berger Wild, Beitrag „50 wilde Jahre" in der Ausgabe 1, August 2000, S. 1-3

BUNDESINSTITUT FÜR RISIKOBEWERTUNG (BfR): „Genuss ohne Reue: Tipps für den Umgang mit Wildfleisch", Information Nr. 01 vom 02.01.2006, S. 1

BUNDESINSTITUT FÜR RISIKOBEWERTUNG (BfR): „Tipps für Jäger im Umgang mit Wildfleisch", Information Nr. 01 vom 02.01.2006, S. 2

DEUTZ, A.: „Hygienerisiken bei der Gewinnung von Wildfleisch", 2004, Fachabteilung für das Veterinärwesen, Graz, zit. Deutz, A.: „Hygienerisiken"

DJV HANDBUCH: „Jagd aktuell", Deutscher Jagdschutz Verband e. V., 2006, Hoffmann Verlag, Mainz, S. 260, zit. DJV Daten

GOLZE, M.: „ Entwicklung der landwirtschaftlichen Wildhaltung in Sachsen", in: Landwirtschaftliche Wildhaltung, Bad Lauterberg, 2005, H. 5, S. 13-20, zit. Golze, M.: „Landwirtschaftliche Wildhaltung"

JAGDNETZ.DE: URL: http://www.jagdnetz.de/Aktuelles/Wildbret-hygiene/index.cfm, Abrufdatum: 21.02.2002

LINKER, S.: Landesbetrieb Landwirtschaft Hessen, „Qualitäts-management: Produkthaftung", 2004, Stand: 06.06.02, URL: http://www.agrarberatung-hessen.de/markt/begriffe/ 01002002060603.html, Abrufdatum 21.02.2006, zit. Linker, S.: „Qualitätsmanagement"

MORITZ, K.: „Zivilrecht", 2002, URL: http://bgb.jura.uni-hamburg.de/agl/agl-823-1-prodhaftung.htm, Abrufdatum: 21.02.2006, zit. Moritz, K. „Zivilrecht"

NADERER, J./HUBER, A.: Bayerische Landesanstalt für Landwirtschaft, Institut für Tierhaltung und Tierschutz, 2005, URL: http://www.lfl.bayern.de/ith/wild/11004/?context=/ landwirtschaft/tier/wildhaltung/, Abrufdatum: 22.02.06

RHEINISCH-WESTFÄLISCHER JÄGER: Artikel: „Verschärfte Regeln zur Wildbretvermarktung gefordert", 2005, Münster-Hiltrup, H. 12, S. 28

SCHNAPPAUF, W.: Regierungserklärung „zu den Vorgängen und den getroffenen Maßnahmen in Zusammenhang mit der Firma Berger Wild, Passau", 2006, München, 23.02.2006

UMWELT LEXIKON: URL: http:// www.umweltdatenbank.de/lexikon/ inverkehrbringen.htm, S.: 15502 /B3, Abrufdatum: 22.02.06, zit. „Umweltlexikon"

VERSICHERUNGSLEXIKON: „Produzentenhaftung", URL: http:// www.versicherungsnetz.de/Onlinelexikon/Produzentenhaftung. html, 2006, Abrufdatum: 24.02.2006, zit. „Versicherungslexikon"

WAS WIR ESSEN.: URL: http://www.waswiressen.de/druck-version/wildfleisch_verbraucherschutz_verantwortung.cfm, 2006, Abrufdatum: 26.02.2006

WILD UND HUND: „Der Wildbret-Gigant", H. 22, S. 14-19

WILD UND HUND: „EU-Lebensmittel-Hygienepaket in Kraft" H. 1, S. 9

WILD UND HUND: „Verlorene Unschuld" H. 4, S. 14-15

WILD UND WILD EXKLUSIV: „Aus dem Revier in die Küche (3)", 2003, S. 8-9

Rechtsquellenverzeichnis

Bundesjagdgesetz (in der Fassung der Bekanntmachung vom 29. September 1976)

Gesetz über die Haftung für fehlerhafte Produkte (Produktionshaftungs - Gesetz) vom 15.12.1989

Gesetz zur Neuordnung des Lebensmittel- und des Futtermittelrechts vom 1. September 2005

Verordnung (EG) Nr. 178/2002 des Europäischen Parlaments und des Rates vom 28. Januar 2002

Verordnung über die hygienischen Anforderungen und amtlichen Untersuchungen beim Verkehr mit Fleisch (Fleischhygiene – Verordnung, FlHV) i. d. F. der Bek. vom 29.06.2001

Verordnung (EG) Nr. 852/2004 des Europäischen Parlaments und des Rates vom 29. April 2004 über Lebensmittelhygiene

Verordnung (EG) Nr. 853/2004 des Europäischen Parlaments und des Rates vom 29. April 2004 mit spezifischen Hygienevorschriften für Lebensmittel tierischen Ursprungs

Fleischhygienegesetz (FlHG), vom 8. Juli 1993

Lebensmittelhygiene – Verordnung (LMHV) vom 05.08.1997

Richtlinie 92/45/EWG des Rates vom 16. Juni zur Regelung der gesundheitlichen und tierseuchenrechtlichen Fragen beim Erlegen und bei der Vermarktung von Wildfleisch